EL ESTADISTICO DE GUARDIA

LA LEY DE BUXTON
(un divertimento estadístico)

Buxton's Law

"Siempre es pronto hasta que es demasiado tarde"

Toni Monleón-Getino
Profesor del Departamento de Estadística, Universidad de Barcelona. GRBIO: *Research Group in Biostatistics and Bioinformatics*

2015

"Dedicado a todas las personas estresadas"
(I' m late!! Dijo el conejo blanco al ver a Alicia)

Este libro se empezó a escribir en los jardines de la Universidad de Harvard (Cambridge, MA, USA) en Julio de 2015.
Publica: Lulu Press, Inc. (www.lulu.com)
ISBN: 978-1-326-44001-5

Todos los derechos reservados. El autor no se hace responsable de los errores o daños que se puedan derivar de la lectura del libro. Autor: Dr Toni Monleón-Getino (PhD, BSc, MBA). Barcelona. 2015.

AGRADECIMIENTOS

Mi más sincero agradecimiento a Klaus Langohr del Departamento de Estadística de la Universidad Politécnica de Catalunya por sus consejos y comentarios. Al profesor Carles Cuadras del Departamento de Estadística de la Universidad de Barcelona por su lectura crítica y sus sabios consejos.

INDICE

- 1.Introducción y enunciado de la ley de Buxton.
- 2.Un ejemplo ilustrativo: Los alumnos que entregaban tarde los trabajos.
- 3.El Análisis de supervivencia de una variable aleatoria de tiempo
- 4.Análisis estadístico del ejemplo planteado
- 5.El corolario de Monleón y conclusiones del trabajo
- 6.Bibliografía utilizada
- 7.Sintaxis en R utilizada en el libro

1.Introducción y enunciado de la ley de Buxton

El tiempo es algo misterioso y extraño para los humanos, pasa a veces imperceptible, lento o a veces demasiado deprisa. Albert Einstein pensó en lo relativo que era toda su vida, llegando a imaginar la Teoría de la Relatividad, viendo pasar trenes en Suiza, mientras perdía el tiempo (valga la redundancia).

En general no somos capaces de controlar el paso del tiempo ("tempus fugit") y menos aún organizar todos los eventos que hemos de hacer a lo largo de un día.

Pero, ¿existe alguna ley, no física y no matemática que nos desconcierte todavía más sobre el paso del tiempo?. Pues efectivamente es la que se conoce popularmente como "La Ley de Buxton" donde se afirma que es imposible organizarnos.

La desconocida y verdadera ley de Buxton dice que "siempre es pronto hasta que es demasiado tarde". Evidentemente no es un verdadera ley como tal sino un dicho popular o una de esas afirmaciones retóricas que nos hace pensar. Pero... ¿hay algo más detrás de ella? ¿puede matematizarse o mejor aún simularse? ¿demostrarse? ¿Existe alguna metodología estadística que la soporte?

Vamos a comprobar su veracidad (¿?) experimentalmente con un caso curioso y a enunciar uno de sus corolarios (inventado por supuesto) "Corolario de Monleón", presentando los métodos estadísticos para estudiar esta curiosa ley.

Un ejemplo de esta ley está en el trabajo "Health Technology Assessment and Health Policy Today: A Multifaceted View A Multifaceted View of their Unstable Crossroads" editado por Juan E. del Llano-Señarís y Carlos Campillo-Artero. Este libro trata la Evaluación de Tecnologías Sanitarias (ETS) y su interrelación con las políticas de salud. En él se destacan los factores que deben dar forma a su progreso en el futuro cercano. En este libro se cita explícitamente la Ley de Buxton aplicado a las tecnologías sanitarias.

2.Un ejemplo ilustrativo: Los alumnos que entregaban tarde los trabajos.

Imaginemos que somos unas personas responsables y que siempre cumplimos con nuestras tareas, también imaginemos que tenemos muchas tareas a desempeñar. ¿Qué hacemos, las entregamos todas? ¿Priorizamos las más importantes o las más urgentes por encima de las otras? ¿Es una buena estrategia?

Planteemos ahora un ejemplo real o cuasi-real en un entorno universitario. Un grupo de unos 100 estudiantes matriculados en una asignatura, deben entregar un determinado trabajo práctico individualmente o en grupo. También imaginemos que este trabajo práctico debe de entregarse antes del periodo de exámenes finales. Finalmente imaginemos que el profesor deja 100 días de tiempo (es decir un poco más de 3 meses) para que los alumnos tengan tiempo suficiente para realizar el trabajo planteado y la memoria escrita que deben entregar. El único requisito es que se marca un día límite, un "dead-line", que será el día 100. Si los alumnos entregan más tarde de ese día el trabajo solicitado suspenderán la asignatura. ¿Qué hacen los alumnos? Por experiencia y vistas las estadísticas de los últimos años, esperan hasta el final para entregar el trabajo, ya que siempre hay tareas para realizar: otras asignaturas, otros trabajos, otras obligaciones y siempre queda tiempo hasta el día de la entrega, el plazo de entrega siempre parece lejano...

Esto no es algo anormal, sino común en el género humano: cuando tenemos mucho plazo para realizar una tarea solemos esperar hasta el final y dedicar más esfuerzo al final. Es intuitivamente la "Ley de Buxton".

Vamos a intentar simular estadísticamente el ejemplo que hemos planteado, utilizando funciones de probabilidad para el tiempo de entrega de un determinado trabajo para cada alumno del curso y después vamos a analizarlo utilizando análisis de supervivencia.

Para poder simular este ejemplo, debemos fijar unos prerequisitos como son que la muestra es limitada, n=100 alumnos, y que el tiempo para la entrega del trabajo está también limitado t=100 días (fecha límite o dead-line).

En la simulación se han utilizado dos distribuciones de probabilidad. Una es la función de probabilidad Weibull $W(k, \lambda)$ para simular el tiempo en el que se entrega el trabajo y en segundo lugar una función de probabilidad uniforme U(0,100) para simular el tiempo en el cual abandona un alumno el curso por cualquier motivo (no quiere continuar, enfermedad, etc) sin entregar el trabajo (evento censura para la entrega del trabajo).

Finalmente el conjunto total de eventos que ocurren a lo largo del curso universitario, relacionados con el evento de la entrega del trabajo tiene relación con una función de probabilidad que es una mixtura entre una función Weibull con parámetros k=90, λ=98.5 y una función uniforme U(0,100).

Distribución de Weibull

La distribución de Weibull es una distribución de probabilidad continua. La función de densidad de una variable aleatoria X con la distribución de Weibull tiene la siguiente forma:

$$f(x;\lambda,k) = \begin{cases} \frac{k}{\lambda}\left(\frac{x}{\lambda}\right)^{k-1} e^{-(x/\lambda)^k} & x \geq 0 \\ 0 & x < 0 \end{cases}$$

donde $k>0$ es el parámetro de forma y $\lambda>0$ es el parámetro de escala de la distribución.

La distribución [Weibull] se suele usar para modelizar el tiempo hasta un evento de interés (por ejemplo fallos, o en este caso la entrega de un trabajo) cuando el evento en cuestión es proporcional a una potencia del tiempo:

- Un valor $k<1$ indica que la tasa de evento decrece con el tiempo.
- Cuando $k=1$, la tasa de eventos es constante en el tiempo.
- Un valor $k>1$ indica que la tasa de eventos crece con el tiempo.

Su función de distribución de probabilidad es:

$$F(x; k, \lambda) = 1 - e^{-(x/\lambda)^k}$$

para $x \geq 0$, siendo nula cuando $x < 0$.

La tasa de fallos (*hazard*) es

$$h(x; k, \lambda) = \frac{k}{\lambda} \left(\frac{x}{\lambda}\right)^{k-1}.$$

La función generadora de momentos del logaritmo de la distribución de Weibull es $E\left[e^{t \log X}\right] = \lambda^t \Gamma\left(\frac{t}{k} + 1\right)$

$$E\left[e^{it \log X}\right] = \lambda^{it} \Gamma\left(\frac{it}{k} + 1\right).$$

donde Γ es la función gamma (una función muy conocida en probabilidad y estadística). En particular, el momento n-ésimo de X es:

$$m_n = \lambda^n \Gamma\left(1 + \frac{n}{k}\right).$$

Su media y varianza son

$$E(X) = \lambda \Gamma\left(1 + \frac{1}{k}\right)$$

y

$$\text{var}(X) = \lambda^2 \left[\Gamma\left(1 + \frac{2}{k}\right) - \Gamma^2\left(1 + \frac{1}{k}\right)\right].$$

Mientras que su asimetría y curtosis son

$$\gamma_1 = \frac{\Gamma\left(1 + \frac{3}{k}\right)\lambda^3 - 3\mu\sigma^2 - \mu^3}{\sigma^3}.$$

y

$$\gamma_2 = \frac{-6\Gamma_1^4 + 12\Gamma_1^2\Gamma_2 - 3\Gamma_2^2 - 4\Gamma_1\Gamma_3 + \Gamma_4}{[\Gamma_2 - \Gamma_1^2]^2} = \frac{\lambda^4 \Gamma(1 + \frac{4}{k}) - 4\gamma_1\sigma^3\mu - 6\mu^2\sigma^2 - \mu^4}{\sigma^4}$$

donde $\Gamma_i = \Gamma(1 + i/k)$.

Distribución uniforme

En teoría de probabilidad y estadística, la distribución uniforme continua es una familia de distribuciones de probabilidad para variables aleatorias continuas, tales que cada miembro de la familia, todos los intervalos de igual longitud en la distribución en su rango son igualmente probables. El dominio está definido por dos parámetros, a y b, que son sus valores mínimo y máximo. La distribución es a menudo escrita en forma abreviada como U(a,b).

La función de densidad de probabilidad de la distribución uniforme continua es:

$$f(x) = \begin{cases} \frac{1}{b-a} & \text{para } a \leq x \leq b, \\ 0 & \text{para } x < a \text{ o } x > b, \end{cases}$$

Los valores en los dos extremos a y b no son por lo general importantes porque no afectan el valor de las integrales de f(x) dx sobre el intervalo, ni de x f(x) dx o expresiones similares. A veces se elige que sean cero, y a veces se los elige con el valor 1/(b − a). Este último resulta apropiado en el contexto de estimación por el método de máxima verosimilitud. En el contexto del análisis de Fourier, se puede elegir que el valor de f(a) ó f(b) sean 1/(2(b − a)), para que entonces la transformada inversa de muchas transformadas integrales de esta función uniforme resulten en la función inicial, de otra forma la función que se obtiene sería igual "en casi todo punto", o sea excepto en un conjunto de puntos con medida nula. También, de esta forma resulta consistente con la función signo que no posee dicha ambigüedad.

La función de distribución de probabilidad para una variable aleatoria uniforme es:

$$F(x) = \begin{cases} 0 & \text{para } x < a \\ \frac{x-a}{b-a} & \text{para } a \leq x < b \\ 1 & \text{para } x \geq b \end{cases}$$

La función generadora de momentos es.

$$M_x = E(e^{tx}) = \frac{e^{tb} - e^{ta}}{t(b-a)}$$

a partir de la cual se pueden calcular los momentos m_k

$$m_1 = \frac{a+b}{2},$$
$$m_2 = \frac{a^2 + ab + b^2}{3},$$

y, en general,

$$m_k = \frac{1}{k+1} \sum_{i=0}^{k} a^i b^{k-i}.$$

Para una variable aleatoria que satisface esta distribución, la esperanza matemática es entonces m_1 = (a + b)/2 y la varianza es m_2 − m_{12} = (b − a)²/12.

3. El Análisis de supervivencia de una variable aleatoria de tiempo

Este análisis comprende aquellas técnicas de estudio de las variables T "tiempo hasta que ocurre un suceso o evento" conocidas como análisis de supervivencia. Este análisis contempla una metodología específica ya que las mediciones de T se producen frecuentemente antes del evento. Cuando el tiempo de supervivencia no se conoce con exactitud, los datos se consideran censurados. No se conoce el tiempo hasta el suceso de interés porque los individuos en el estudio pueden haberse perdido o retirado, o el suceso puede no haber ocurrido durante el período de estudio.

El evento considerado no es que se produzca o no la muerte por ejemplo, sino la muerte relacionada con la enfermedad. Si se considera una muerte no relacionada con la enfermedad, se produce un sesgo de información, por ello el paciente fallecido por una causa que no está vinculada al evento de interés debe ser considerado como censurado y computar su tiempo de seguimiento como incompleto o perdido.

Desde el punto de vista clínico se puede definir

supervivencia a:

- <u>Supervivencia libre de enfermedad</u>: Tiempo durante el cual el paciente está libre de cualquier evidencia de enfermedad. Aplicable a los pacientes sometidos a un tratamiento radical de inicio y desaparece en el momento en que aparece una recaída. Si el paciente presenta enfermedad avanzada no es aplicable el concepto de supervivencia libre de la enfermedad sino de duración de la respuesta.
- <u>Supervivencia global:</u> Tiempo de vida desde que se inicia el tratamiento del estudio hasta la muerte o hasta el último dato conocido, en el caso de abandono o pérdida del seguimiento.

Uno de los objetivos de estas técnicas es inferir la relación entre T y las variables explicativas del modelo X que son conocidas y controladas por el investigador en el estudio. La variable T no pertenece a una población normal y se puede distribuir según función exponencial, Weibull, log-normal o log-logística.

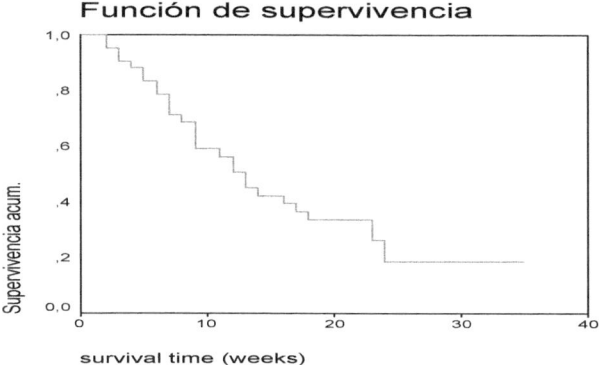

Figura 1: Función de supervivencia S(t) estimada mediante el método de Kaplan-Maier de una serie de pacientes afectados por una enfermedad.

La función de supervivencia S(t) de la figura 1 se interpreta como la probabilidad de que el suceso de interés se presente después de un cierto tiempo (t):

$$S(t) = P(T > t) = \int_{t}^{\infty} f(u)du$$

Siendo $f(t)$ la función de densidad de probabilidad que rige la supervivencia.

Las diferencias entre los factores estudiados por el análisis de supervivencia puede ser analizado utilizando técnicas paramétricas y no paramétricas.

- Paramétricas (algunos modelos paramétricos para modelizar la distribución de T):
    - Distribución Exponencial.
    - Distribución de Weibull.
    - Distribución Log-normal.
- No paramétricas (distintos procedimientos no-parametrícos para analizar datos de supervivencia (estimación, PH, modelos de regresión):
    - Kaplan-Meier (estimación).
    - Log-rank (inferencia).
- Semi-paramétricos(modelos de regresión):
    - Regresión de Cox.

En ocasiones se desconoce si el paciente ha presentado el suceso estudiado (fallecimiento, recaída, etc) o no. Estos datos se conocen como datos censurados. Existen diversos tipos de censura como:

- <u>Censura tipo I</u>: es la más habitual. El estudio tiene un tiempo limitado. Si el tiempo hasta que ocurre el suceso en el paciente es inferior al tiempo marcado, se toma el tiempo obtenido, en caso contrario el tiempo hasta el fin del estudio.

- Censura tipo II: El estudio finaliza cuando ha ocurrido el suceso en un número determinado de individuos.
- Censura aleatoria: El tiempo hasta que se observa el suceso menor o igual a una constante en la censura I. En este caso no es una constante sino una variable aleatoria d, que tiene en cuenta las causas no consideradas en el experimento y que provocan la censura. El tiempo de fallo se observa cuando $T < d$.

Se define la función de supervivencia $S(t)$ (*Figura 1*) como la probabilidad de que un paciente sobreviva un tiempo t, si T es la variable tiempo de supervivencia. Es una función decreciente que cumple: $S(t) \geq 0$, $S(0) = 1$ y $S(+\infty) = 0$. Se puede estimar mediante Kaplan-Meier o método del límite-producto, que calcula la supervivencia cada vez que se presenta un evento:

$$S(t) = \begin{cases} 1 & si\ 0 \leq t \leq t_1 \\ \prod_{j:tj \leq t} \dfrac{n_j - d_j}{n_j} & si\ t > t_1 \end{cases}$$

Donde se definen $t_1<t_2<...<t_k$ a los tiempos donde ocurre el suceso de la muestra estudiada y N_j es el número de supervivientes antes de t_j y d_j el número de pacientes que presentan el suceso en el momento t_j. Otra forma de calcular *S(t)*, de manera aproximada, es mediante una tabla de supervivencia, donde se presentan los valores de tiempo, número de individuos, número de abandonos, número de individuos expuestos a riesgo, número de eventos terminales, proporción de pacientes que han terminado, proporción de los supervivientes, proporción de supervivencia acumulada, densidad de probabilidad y tasa de riesgo.

La mediana del tiempo de supervivencia es un buen descriptor de la variable T, ampliamente utilizado.

f(t) es la función de densidad de supervivencia, que indica cuál es el momento de mayor cantidad de sucesos T. *h(t)* es la tasa de fallo instantáneo o función de riesgo, mide la probabilidad de que a un individuo le ocurra cierto suceso a lo largo del tiempo y se calcula como el cociente:

$$h(t) = \frac{f(t)}{S(t)}$$

Si integramos (acumulamos) la función de riesgo *h(t)* obtenemos *H(t)*. *H(t)* función de riesgo acumulada y se relaciona con la función de supervivencia como $H(t) = -\ln S(t)$.

Para comparar las funciones de supervivencia en función de los tratamientos asignados o de algún factor relevante se emplea la prueba de log-rank. Puede observarse en la *figura 3* que la probabilidad de supervivencia del quimioterápico B es superior a A.

Para poder construir un modelo explicativo de la función de supervivencia y explicar la relación existente entre el tiempo de supervivencia y las variables independientes del modelo (sexo, edad, tratamiento, estadío de la enfermedad, marcador tumoral, etc) se aplicará la regresión de Cox. Ésta permite estimar con más precisión la función de supervivencia y determinar qué variables explican mejor la supervivencia de los pacientes. La regresión de Cox se representa mediante una función de riesgo:

$$H(t, x_1, ..., x_n) = h_o(t) e^{\beta_1 x_1 + ... + \beta_n x_n}$$

Donde h_o es el riesgo basal y $e^{\beta_1 x_1 + ... + \beta_n x_n}$ depende de las variables independientes o explicativas (peso, edad, tratamiento, factores concomitantes, etc).

En el modelo de Cox se determinan en primer lugar los coeficientes β y mediante el test de Wald o por el logaritmo de máxima verosimilitud se determinará si son o no significativos para el modelo. Posteriormente se estima $h_o(t)$.

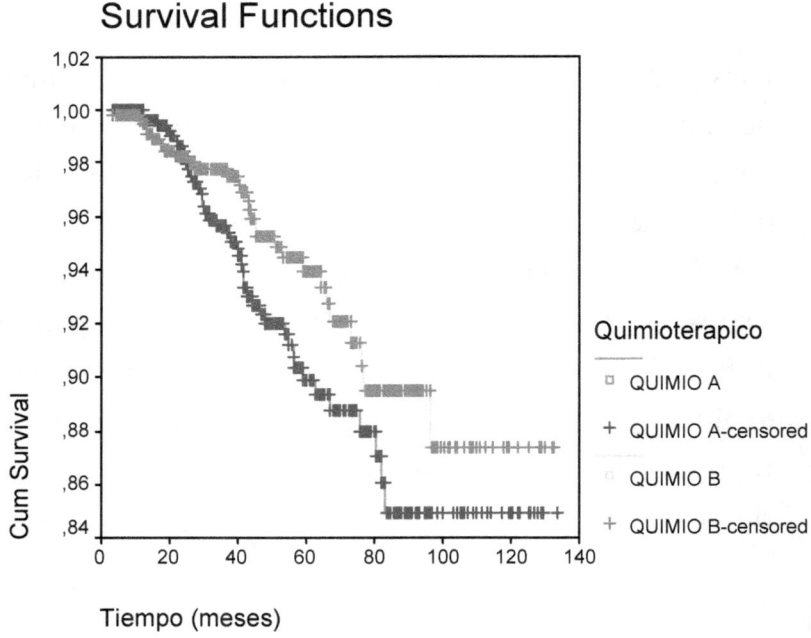

Figura2: Función de supervivencia de 2 tratamientos

durante el tratamiento de los pacientes. $P< 0,05$ en el test de log-rank.

En función de los resultados de la regresión de Cox se dividirán las variables independientes entre factores de riesgo y factores de protección. Para ello los resultados de aquéllas se presentarán mediante su *OR*:

$$e^{\beta} = OR$$

Siendo β el coeficiente estimado de la variable independiente. Si el *OR* de la variable es < 1 se afirma que un incremento en la variable disminuye la predisposición a que el individuo presente el suceso (factor de protección) y si *OR* > 1, un incremento de la variable aumenta la predisposición a que el individuo presente el suceso (factor de riesgo).

4. Análisis estadístico del ejemplo planteado

Con los 100 datos simulados (tiempo hasta la entrega del trabajo y/o abandono o no entrega del trabajo) con las distribuciones de probabilidad Weibull y Uniforme se ha procedido a su análisis estadístico en R. Para ello se ha utilizado la librería "**survival**" y se han obtenido los resultados que se muestran a continuación.

El histograma de la distribución del evento entrega del trabajo se presenta a continuación:

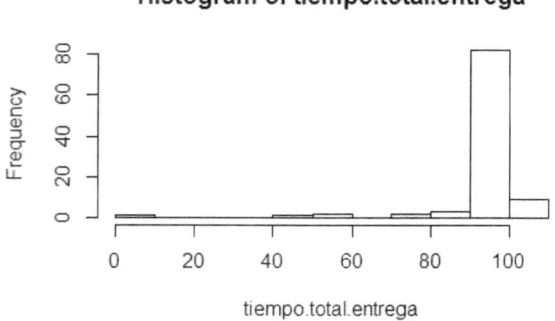

Figura 3: histograma de frecuencia del evento simulado tiempo de entrega d un trabajo.

Los datos simulados para los 100 alumnos indican que sólo 19 estudiantes no entregaron el trabajo, por diferentes motivos o bien abandonaron el curso (n=10) o bien no tuvieron tiempo de realizar el trabajo a lo largo de los 100 días (n=9).

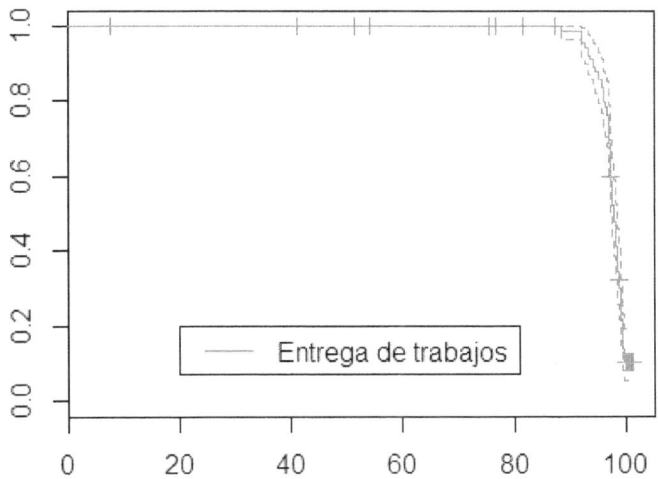

Figura 4: Función de supervivencia de 100 alumnos para el evento entrega de un trabajo a final de curso (N=100 alumnos). La duración del trabajo a entregar es de 100 días. Se observa la curva de supervivencia obtenida mediante Kaplan-Maier y su intervalo de confianza del 95%.

```
> my.KMest
Call: survfit(formula = my.surv ~ 1, conf.int = 0.
95)
```

```
 records   n.max n.start   events  median 0.95LCL 0.95UCL
   100.0   100.0   100.0     81.0    97.9    97.4    98.6
```

Para las diferentes estimaciones del ejemplo se ha utilizado el método de Kaplan-Meier o método del límite-producto, que calcula la supervivencia cada vez que se presenta un evento. La Mediana de supervivencia estimada ha sido de 97.9 días, es decir que el 50% de los alumnos presentan el trabajo a los 97.9 días con un intervalo de confianza de 97.4 y 98.6 días: !se cumple la ley de BUXTON!. Todos los alumnos entregan sus trabajos casi al final.

La tabla de supervivencia estimada mediante Kaplan-Maier es la siguiente:

```
> summary(my.KMest)
Call: survfit(formula = my.surv ~ 1, conf.
int = 0.95)

 time n.risk n.event survival std.err lower 95% CI upper 95% CI
 88.5     92       1    0.989  0.0108       0.9682        1.000
 92.2     91       1    0.978  0.0152       0.9489        1.000
 92.3     90       1    0.967  0.0185       0.9318        1.000
 92.4     89       1    0.957  0.0213       0.9157        0.999
 92.8     88       1    0.946  0.0236       0.9004        0.993
 93.4     87       1    0.935  0.0257       0.8857        0.987
 93.6     86       1    0.924  0.0276       0.8713        0.980
 93.8     85       1    0.913  0.0294       0.8572        0.972
 94.3     84       1    0.902  0.0310       0.8435        0.965
 94.4     83       1    0.891  0.0325       0.8299        0.957
 94.8     82       1    0.880  0.0338       0.8166        0.949
 95.4     81       1    0.870  0.0351       0.8034        0.941
 95.4     80       1    0.859  0.0363       0.7904        0.933
 95.9     79       1    0.848  0.0374       0.7775        0.924
 96.0     78       1    0.837  0.0385       0.7648        0.916
 96.1     77       1    0.826  0.0395       0.7522        0.907
```

96.1	76	1	0.815	0.0405	0.7396	0.899
96.1	75	1	0.804	0.0414	0.7272	0.890
96.2	74	1	0.793	0.0422	0.7149	0.881
96.4	73	1	0.783	0.0430	0.7027	0.872
96.8	72	1	0.772	0.0438	0.6906	0.862
96.9	71	1	0.761	0.0445	0.6785	0.853
97.0	70	1	0.750	0.0451	0.6665	0.844
97.1	69	1	0.739	0.0458	0.6546	0.835
97.2	68	1	0.728	0.0464	0.6428	0.825
97.2	67	1	0.717	0.0469	0.6310	0.816
97.2	66	1	0.707	0.0475	0.6193	0.806
97.2	65	1	0.696	0.0480	0.6077	0.796
97.2	64	1	0.685	0.0484	0.5961	0.787
97.3	63	1	0.674	0.0489	0.5846	0.777
97.3	62	1	0.663	0.0493	0.5732	0.767
97.3	61	1	0.652	0.0497	0.5618	0.757
97.3	60	1	0.641	0.0500	0.5504	0.747
97.3	59	1	0.630	0.0503	0.5391	0.737
97.4	58	1	0.620	0.0506	0.5279	0.727
97.4	57	1	0.609	0.0509	0.5167	0.717
97.4	56	1	0.598	0.0511	0.5056	0.707
97.4	54	1	0.587	0.0514	0.4943	0.697
97.6	53	1	0.576	0.0516	0.4830	0.686
97.6	52	1	0.565	0.0518	0.4718	0.676
97.7	51	1	0.554	0.0519	0.4606	0.665
97.8	50	1	0.542	0.0520	0.4495	0.655
97.8	49	1	0.531	0.0521	0.4384	0.644
97.8	48	1	0.520	0.0522	0.4274	0.633
97.9	47	1	0.509	0.0523	0.4165	0.623
97.9	46	1	0.498	0.0523	0.4056	0.612
98.1	45	1	0.487	0.0523	0.3947	0.601
98.1	44	1	0.476	0.0523	0.3839	0.590
98.2	43	1	0.465	0.0522	0.3731	0.579
98.2	42	1	0.454	0.0521	0.3624	0.568
98.3	41	1	0.443	0.0520	0.3518	0.557
98.3	40	1	0.432	0.0519	0.3412	0.546
98.4	39	1	0.421	0.0517	0.3306	0.535
98.4	38	1	0.410	0.0515	0.3201	0.524
98.5	37	1	0.399	0.0513	0.3097	0.513
98.6	36	1	0.387	0.0511	0.2993	0.502
98.6	35	1	0.376	0.0508	0.2889	0.490
98.6	34	1	0.365	0.0505	0.2787	0.479
98.7	33	1	0.354	0.0502	0.2684	0.468
98.7	32	1	0.343	0.0498	0.2582	0.456
98.8	31	1	0.332	0.0494	0.2481	0.445
98.9	30	1	0.321	0.0490	0.2381	0.433
99.0	28	1	0.310	0.0486	0.2277	0.421
99.1	27	1	0.298	0.0481	0.2173	0.409
99.1	26	1	0.287	0.0476	0.2070	0.397
99.1	25	1	0.275	0.0470	0.1968	0.385
99.3	24	1	0.264	0.0465	0.1867	0.372
99.3	23	1	0.252	0.0458	0.1767	0.360

99.3	22	1	0.241	0.0452	0.1667	0.348
99.3	21	1	0.229	0.0444	0.1568	0.335
99.3	20	1	0.218	0.0437	0.1471	0.323
99.5	19	1	0.206	0.0429	0.1374	0.310
99.5	18	1	0.195	0.0420	0.1278	0.297
99.6	17	1	0.183	0.0410	0.1183	0.284
99.6	16	1	0.172	0.0401	0.1090	0.271
99.6	15	1	0.161	0.0390	0.0997	0.258
99.6	14	1	0.149	0.0379	0.0906	0.245
99.6	13	1	0.138	0.0366	0.0817	0.232
99.7	12	1	0.126	0.0353	0.0728	0.218
99.8	11	1	0.115	0.0339	0.0642	0.205
99.9	10	1	0.103	0.0324	0.0558	0.191

En la tabla anterior se han estimado la probabilidad de que los alumnos no hayan entregado los trabajos a partir de un determinado tiempo estimarse que al cabo de 100 días la mayoría de los alumnos ha entregado su trabajo y cuando se cumplen 100 días sólo queda un 10.3% que no lo ha entregado El intervalo de confianza se estima entre 5.6% y 19.1% para los alumnos que no han entregado el trabajo, ciertamente amplio. Estos son los alumnos que deben ser suspendidos por no haber entregado el trabajo, pero ¿debe hacerse? ¿no serán muchos alumnos un 19%, para ser suspendidos por no haber entrado un trabajo que vale un 20% de la nota final?

5. El corolario de Monleón y conclusiones del trabajo

Así vemos con el análisis de supervivencia que la probabilidad de que no entreguen el trabajo en el día solicitado es de un 10%, aunque con un intervalo de confianza del 9%% de cobertura entre un 6 y un 19% (aproximadamente). Ahora viene la pregunta, qué debemos hacer con este 10% de los estudiantes ¿suspenderlos? ¿aprobarlos?. Una explicación para los que no han entregado el trabajo, a pesar del tiempo es que se han despistado o han confundido el día o bien el trabajo se ha "traspapelado" o perdido por el camino, pero también podría ser que los alumnos tuvieran muy malas notas y hayan abandonado. Una fácil solución para el profesor puede ser ponerse en contacto con estos estudiantes y preguntarles o dejarles un nuevo y corto plazo. Esto siempre es eficaz y parte del primer corolario de la ley de Buxton: "Más vale tarde que nunca".

Un corolario (del latín *corollarium*) es un término que se utiliza en matemáticas y en lógica para designar la evidencia de un teorema o de una definición ya demostrados, sin necesidad de invertir esfuerzo adicional en su demostración. En pocas palabras, es una consecuencia tan evidente que no necesita demostración. No suele aplicarse este término para leyes y menos aún en leyes de tipo retórico, pero en este caso se ha optado por introducir este término para darle a la conclusión el énfasis que necesita.

"Más vale tarde que nunca" o "corolario de Monleón" significa que es preferible que hagamos algo después de lo previsto a que no lo hagamos nunca, ya que por lo menos lo habremos hecho. Es mejor que lleguemos un poco tarde a una cita, a que dejemos plantada a la persona con la que habíamos quedado. Es mejor pedir perdón después de un tiempo a que no nos arrepintamos nunca por algo malo que hayamos hecho. Es mejor que terminemos tarde una tarea a que la dejemos inacabada para siempre.

Así en conclusión presentemos al profesor lo mejor posible el trabajo solicitado, aun que sea incompleto y aprobemos la asignatura.

Y es que, aunque hay un sabio refrán que dice que no dejes para mañana lo que puedas hacer hoy, también hay otro que dice que nunca es tarde si la dicha es buena.

El segundo corolario podría ser: "nunca pasa nada hasta que pasa algo", pero siendo tan retórico creo que es redundante a la ley de Buxton ¿Qué les parece?.

Las consecuencias de la ley de Buxton son importantes y

no solo para planificar eventos como la entrega de un trabajo, sino para aquellas situaciones en que existe un periodo límite: entrega de la declaración de hacienda, entrega de la comunicación de un congreso, entrega de la petición de una ayuda e incluso se me ocurre que la vida misma tiene un dead-line, la muerte. Preveamos anticipadamente qué debe hacerse con los que no entregan los trabajos a tiempo, la declaración, etc. El debate está abierto…

Este libro se acabó de escribir el 27-8-2015 en Tudela de Navarra (Navarra).

("Difícil de ver el futuro es. Pues en movimiento siempre está". El maestro Ioda, Star Wars)

6.Bibliografía utilizada

1. Abraira V., A. Pérez de Vargas. Métodos Multivariantes en Bioestadística. Ed. Centro de Estudios Ramón Areces. 1996.
2. Collett D. Modelling Survival Data in Medical Research, Second Edition. Boca Raton: Chapman & Hall/CRC. 2003. ISBN 978-1-58488-325-8
3. Elandt-Johnson R and Norman Johnson. Survival Models and Data Analysis. New York: John Wiley & Sons. 1980/1999.
4. Kalbfleisch J.D., R.L.Prentice. The Statistical Analysis of Failure Time Data. John Wiley & Sons. 1980.
5. Lawless, Jerald F. Statistical Models and Methods for Lifetime Data, 2nd edition. John Wiley and Sons, Hoboken. 2003.
6. Lee E.T.. Statistical Methods for Survival Data Analysis. Lifetime Learning Publications. 1980.
7. Monleón Getino T, Antonio Llombart Cussac, Montse Roset Gamisans Monleón Getino, Toni. Análisis de supervivencia, identificación de factores pronóstico y análisis exploratorio : curso de formación continuada a distancia.   Barcelona : Edittec, 2004

8. Monleón Getino, Toni. El tratamiento numérico de la realidad. Reflexiones sobre la importancia actual de la estadística en la Sociedad de la Información. (Publication date: 2012-05-18)
9. Monleón Getino, Toni. El tratamiento numérico de la realidad. Reflexiones sobre la importancia actual de la estadística en la Sociedad de la Información. (Publication date: 2014-04-02)
10. Rupert G. Miller (1997), Survival Analysis. John Wiley & Sons. ISBN: 0-471-25218-2.
11. Therneau T. "A Package for Survival Analysis in S". http://www.mayo.edu/hsr/people/therneau/survival.ps
12. Varios autores. Health Technology Assessment and Health Policy Today: A Multifaceted View A Multifaceted View of their Unstable Crossroads" editado por Juan E. del Llano-Señarís y Carlos Campillo-Artero (eds). 2015. ADIS
13. Wikipedia. 2015. Análisis de supervivencia. [web: https://es.wikipedia.org/wiki/An%C3%A1lisis_de_la_supervivencia]

7. Sintaxis en R utilizada en el libro

##
LA LEY DE BUXTON: EJEMPLO DE LA ENTREGA DE UNOS TRABAJOS EN EL TIEMPO
##

#Toni Monleón-Getino (Departament d' Estadistica, UB)

library(survival)

set.seed(1)

dias.para.entregar.trabajo <- 100

#simulacion de una distribucion weibull centrada en el tiempo
# de entrega del trabajo
time.until.entrega.trabajo.weibull <-rweibull(90, shape=50, scale=dias.para.entregar.trabajo-1.5)
hist(time.until.entrega.trabajo.weibull)

#ver si es censurado o no para la entrega del trabajo
censored<-NA
censored[time.until.entrega.trabajo.weibull<=100] <- 1
censored[time.until.entrega.trabajo.weibull>100] <- 0
table(censored)
#genero una distribución uniforme de gente que abandona a lo largo de los 100 dias
tiempo.abandono <-runif(n=10, min = 0, max=100)
censura.abandono <- c(0,0,0,0,0,0,0,0,0,0)

#calculo del tiempo total
tiempo.total.entrega <- c(time.until.entrega.trabajo.weibull, tiempo.abandono)
hist(tiempo.total.entrega)

```r
censored.total <- c(censored, censura.abandono)
table(censored.total)
my.surv <- Surv(tiempo.total.entrega,censored.total)
my.KMest <- survfit(my.surv~1, conf.int=0.95)
plot(my.KMest, col="red")
legend(20, .2, c("Entrega de trabajos"), lty=c(1), col=c("red"))

summary(my.KMest)
my.KMest

#nº de total censurados = abandonos + entregan tarde
table(censored.total)
19/(81+19)
#los que entregan tarde
table(censored)
9/(81+9)

#Distribución exponencial para la simulacion
#lambda = 1/mean
rexp(n=1000, rate=1/80) #no la utilizaré, pero se podría simular
```

www.ingramcontent.com/pod-product-compliance
Lightning Source LLC
Chambersburg PA
CBHW072307170526
45158CB00003BA/1228